万物皆元素

人体里的元素盛宴

[英]萨伦娜·泰勒 / 著
[英]迈克·菲利普斯 / 绘
高源 董文灿 / 译

你是一个由元素组成的快乐组合体

不论好坏，我们都互相陪伴

北京日报出版社

目录

简介

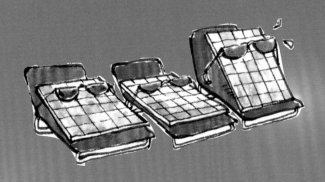

你是由什么组成的？答案当然是——各种各样的组织（皮肤、骨骼、肌肉和血液），以及其他许许多多的器官。那么这些又是由什么构成的呢？

也就是说，是什么构造了你的身体？

实际上，你是由很多种化学元素组成的。在你的身体中，这些元素相互结合形成很多种纯净物，比如不同的金属、气体和一些其他物质，其中也包括大量的水。你的身体就是由这些纯净物组成的混合物。

那么，这些元素是如何形成的呢？

还有，这些元素存储在你身体的什么部位呢？

它们的存在又对你有什么帮助呢？或正好相反，实际上它什么作用都没有？

请继续读下去，找出所有组成"你"的元素吧！

神奇的元素

你的身体里充满了我们称之为元素的东西，比如银和金，以及其他很多有趣的元素。

锂 是一种金属，但是它很软，你可以用刀将它切断。它很容易燃烧，在燃烧时会发出明亮的红色火焰。

氢 是一种很基本很常见的气体。它是元素周期表中的第一个元素，因为它是所有元素中质量最小的一个。当它燃烧时，会产生水。

锡 是一种柔软的、容易弯曲的金属，通常用来涂在其他金属的表面以防止生锈。

钼 是一种有银色金属光泽的金属，过量的钼对人体是有毒的。它与其他金属混合后，会加强其他金属的性能，这一特性使钼可以用来制造钻头和锯片。

锶 是一种由柔软的银色金属形成的有闪耀光泽的晶体。它能使烟花和照明弹发出红光。通常用于制造夜光涂料和塑料。

铬 是一种闪亮的坚硬金属，看起来是蓝色的。在几千年以前的中国军队中也有使用，士兵会用铬来保护武器的尖端。

镍 是一种银色的磁性金属，可以在电池、硬币、陨石中找到它。它的名字来源于德语单词"kupfernickel"，意思是"魔鬼的铜币"。含镍的玻璃会呈现绿色。

磷 是一种晶体，有白色、红色、紫色、黑色之分。白色磷易燃，在黑暗中会发光。

碘 是一种黑色的晶体，碘蒸汽是紫色的。它存在于海水和海藻中。

钴 是一种磁性金属。它被用于制造蓝色的涂料、墨水、玻璃、陶瓷和化妆品。

硫 是一种黄色的晶体，闻起来就像臭鸡蛋！它存在于火山、陨石和烟花中。

汞 是一种金属，但它看起来很像液体。可能你已经知道，它就是温度计中的那种金属。由于温度越高，汞的体积就越大，所以用这种金属可以很容易地测量温度。

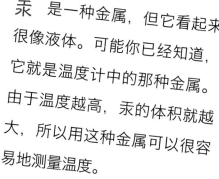

锌 是一种可以使其他金属的属性增强的金属。在硬币、防晒霜、婴儿粉、电池和涂料中均有运用。

这仅仅是个开头！

元素是什么？

元素到底是什么？其实，它们是我们所知道的一切事物的组成部分，我们的身体、地球和整个宇宙都是由元素组成的。

一项长期研究

科学家们已经做了数百年的研究，去了解每种元素的特性及元素之间的联系，并为它们命名。这是一项艰难且饱含智慧的工作。

现在，科学家们已知的元素一共有118种之多，而且他们还在继续寻找和命名新的元素！通过对元素的研究，科学家们发现，这些小小的元素竟然是由更微小的物质构成的！因此，他们需要继续进行研究。

各不相同

科学家们发现元素确实是由更小的物质构成的，这种物质就是原子。一种新元素的产生，取决于这些原子组合在一起的方式。

根据"配方"的不同，有时会产生固体，有时会产生液体，也有时是气体。

你就是由很多这样的元素组成的，每一种元素的配比都恰到好处，才形成了独特的你。

人们把这些或固态，或液态，或气态的元素根据一定的规则分成了不同的组，这样就能快速地找到每种元素了。元素的分组情况如下：

金属元素

你应该能叫出那些你每天都能看到和使用的金属的名字。它们通常是坚固和闪亮的，是热和电的良导体，即它们可以传导热和电。但在金属元素一族中，也有很多元素看起来和你认识的那些区别很大。当它们与其他元素混合时，可以产生新的物质，如晶体或者更强的金属。

非金属元素

这一组元素几乎正好与金属相反。它们通常很容易破裂，不能很好地传导热量或电(如果有的话)，甚至有时形态更像液体或气体。

气体元素

这是一类有点像空气的元素（实际上，空气就是由气体元素构成的）。它们既不是固体也不是液体。通常你是看不见它们的，但有时有些气体可能会有一点儿淡淡的颜色。而且你可能还会闻到它们的味道——有些是很臭的!

未知元素

这一组元素是由科学家们在实验室制造的，它们在地球的自然环境中并不存在。它们被称为未知元素，是因为还有很多关于它们的信息尚未被挖掘，其中还有很多元素没有名字!

我们来概括一下：元素有点儿像积木，每一块元素积木都有自己的名字、编号和化学符号。这让我们能很容易地识别它们。

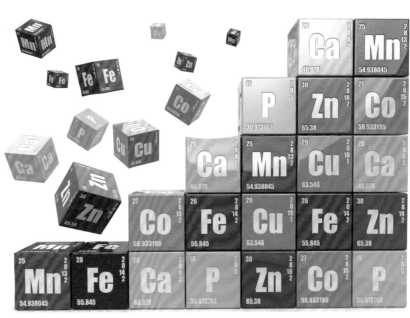

砰！！！

这些元素从何而来呢？原来，它们诞生于宇宙起源之时。宇宙起源又被称为宇宙大爆炸，实际上，这并不是真正的爆炸，大爆炸时的宇宙更像是一个在超短时间内超速膨胀的气球。

当宇宙膨胀得较大的时候，里面所有的物质都撞在了一起，那些物质要么裂开，要么聚合为一体。在我们的宇宙中，这种物质的碰撞和结合创造了行星、恒星、星系和所有的元素。

小心——你可能会爆炸！

宇宙大爆炸后最初出现的元素是锂、氢和氦。氢和氦这两种气体元素后面将会具体讲到。锂是一种金属元素，锂单质非常易燃，也就是说它很容易着火！当锂燃烧时，会产生明亮的红色火焰。千万不要把它和水放在一起——水会让锂燃烧得更猛烈！你体内也存在一点点锂元素哦！

想象一下，如果你身体里有爆炸物的话会发生什么？

在你身体中，锂可不是唯——一个能引起爆炸的元素！其实，你身体中还有很多元素可以用来制造烟花！

由不同元素填充的烟花五彩缤纷，点亮了夜空

硼(B)

硼在燃烧时会产生亮绿色的烟火，紧急照明弹中就含有硼。人体中也含有一点点这个元素，它有助于保持骨骼健康。

镁(Mg)

镁燃烧时带有明亮的白光，常应用于照相机的闪光灯。在人体中，镁能帮助保持身体健康和维持恰当的体温，并使你的神经和肌肉正常工作。

铷(Rb)

铷非常适合制造烟花，因为它一遇到空气就会爆炸。它还能让烟花变成紫色的！你的身体中只含有微量的铷——虽然不到半克，但它依然遍布在你身体的各个部位。

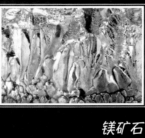

镁矿石

晶体

锶(Sr)

锶使烟花具有耀眼的红色。它也存在于生活在海洋深处的生物的外壳里，在你的骨头里也有发现。如果你喜欢卷心菜、洋葱和莴苣，你可能会吃到很多这种元素。

你是从外太空来的吗？

你和宇宙有很多相似之处，这虽然听起来很不可思议，但事实如此，你体内存在的那些元素和地球上甚至火星上的元素是完全一样的！不妨这样想，在其他星球上也有一部分你存在哦！

钇（Y）

人类登上月球时，宇航员采集了月球岩石和月球尘埃的样本，并将这些样本带回地球进行研究和分析。科学家们发现这些样本中含有大量的钇元素。神奇的是，你身体的骨骼和肝脏中也含有钇元素。

钇

想想看，构成你身体器官的某种物质也同样存在于月球上呢！

钪

钪（Sc）

我们和星星也有关联。

事实上，有一种元素——钪，在其他星球上发现的比在地球上发现的还要多。在我们的血液中也发现了钪元素，所以从某种意义上来说，若有外星人，我们和他们也有一定的"亲戚"关系哦。

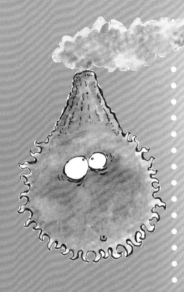

宇宙的元素

硫 (S)

硫

所有生物都需要一种叫作硫的元素。硫存在于人体的肌肉、皮肤和骨骼中，在将食物转化为你用来思考和行动的能量方面起到了至关重要的作用。

硫最令人惊奇的地方是，它蕴藏于火山中，极具爆炸性。这样的硫火山不仅存在于地球上，在木星的一个卫星上也有！此外，科学家在陨石中也发现了硫。而且，硫是在恒星内部生成的！

人造卫星和宇宙飞船

看看下面这些在你身体里发现的元素，它们也应用于太空领域，因为它们有着特殊的元素属性。

铌 (Nb)

*它是一种很坚固的金属。

*存在于你身体的各个部位。

*与其他金属混合时，铌会使它们生锈。

*含有铌的金属可以承受很高的温度。

*可以用于制造太空火箭上的喷嘴！

你知道你身体里有一小部分是如此强壮吗？

镓 (Ga)

*用于制造卫星和火星探测器上的太阳能电池板！

*与汞相同，它也是一种液体。

*科学家认为它有助于新陈代谢，即你的身体将食物转化为能量的方式。

钛 (Ti)

*在太空中到处都能找到——它存在于陨石、卫星以及恒星中！

*它也存在于地球上的每一个生物中——包括我们自身！

*但是科学家们还不知道它在我们体内的具体作用。

*它是一种非常坚固的金属，通常用来加固较弱的金属以防止它们生锈。

金属元素

我们宇宙中的大部分元素都是金属元素。所以，大部分的你也是由金属元素组成的！我敢打赌，你从没想过你和一个锡制机器人或食品罐头有那么多共同点，对吧？

处处可见的元素

你体内最常见的金属是钙。它是银色的，但遇到空气后就会变成浅灰色。你可以在岩石中看到它，比如石灰石和大理石，还有海滩上的贝壳。你也可以在厨房的水壶里找到它——就是那些在水壶底部聚集的白色粉末！在过去，它被用来制作黑板上使用的粉笔。你还可以用它来刷牙，因为在一些牙膏中也有它的存在。

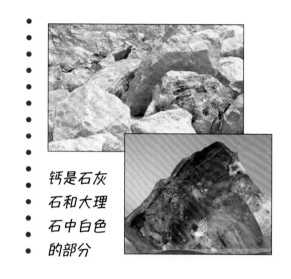

钙是石灰石和大理石中白色的部分

钙（Ca）

这种金属对你真的很重要——尤其是对你的200多块骨骼来说！在你成年之后，你体内的钙含量会超过1千克！钙的作用很大，它能强健你的骨骼，控制你的肌肉和神经。事实上，没有钙，你的骨骼就会像果冻一样脆弱！

所以，为了确保你体内有足够的钙，你需要喝牛奶、吃鸡蛋、奶酪、沙丁鱼，甚至牛奶巧克力！为了营养均衡，还要食用一些富含钙质的绿色蔬菜，比如西蓝花和卷心菜。

这些元素有利用价值吗?

锡 (Sn)

你可能听说过锡，它是一种非常常见的金属，经常用于制造罐头，同时它也存在于你的骨骼和血液中。如果你把它和铜混合，就会变成青铜，我们经常用青铜来制作雕像和奖章。当你把几种金属像这样混合在一起后，这个混合物就叫作合金。合金可以使金属更坚固。

锡石，锡的主要矿石

锡罐头

铝 (Al)

我非常确定你们听说过铝，因为很多地方都用到过它。它被制造成铝箔，你可能已经知道——铝箔可以用来做软饮料的罐头包装。铝非常坚固，重量又很轻，所以它非常适合用于制造自行车、汽车和飞机。

铝也很有弹性，它是电和热的良导体，这就是说它很容易传导电和热，因此它也被用于电线制造上，用电线可以把电力带进你的家里。事实上，当我们制造强金属材料时用到最多的元素就是铝。

有趣的是，我们的身体里也含有锡和铝这两种金属元素，但含量非常低。它们从我们的食物中而来，最终进入我们的血液和骨骼中。

当这两种元素在我们身体中移动时，我们不会有任何感觉！

13

带磁性的金属还有很多

有些金属非常特殊——它们带有磁性，带磁性的金属有一种特殊的力，可以把其他金属拉近或者推开。

我们把这种力称为磁场。

或许你的家里也有带磁性的东西，比如粘在你家冰箱上的冰箱磁贴，或者是能告诉你哪条路是朝北的指南针。而且，你猜怎么着？你的体内也有这些带磁性的元素！

生活在磁体上

你知道吗，地球就是一个磁体。因为地球的中心，也就是地核，充满了两种带磁性的元素——铁和镍。

铁（Fe）

你的体内有很多的铁元素——多到足够让指甲变长7厘米！它的存在让你的血液呈红色。事实上，它可以把你肺部吸入的氧气带到你身体的其他地方，所以你不能没有它！

镍（Ni）

你会对它的来源大吃一惊——它存在于落在地球上的巨大陨石中，而在你的肺部、肝脏和肾脏中，也有微量的镍。这真是让人难以置信！

钴(Co)

钴是另一种对你很重要的磁性元素。你所有的细胞中都有钴，它能帮助你的大脑正常工作，它还能用来制造隐形墨水——是的，隐形的！

带磁性的金属还有很多呢！

钨

钨(W)

钨也被称为钨矿，它是我们知道的金属属性最强的金属之一。你身体中只有一点点的钨。钨常被用来做钻头和飞镖，因为它真的很重，也很坚固。

铈

铈(Ce)

铈是一种金属元素，常用于制造平板电视和体育场照明灯。它还被用来覆盖在其他金属表面，以防止它们生锈，你的骨骼中也有它的存在。

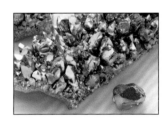

铬

铬(Cr)

铬是一种灰色金属。同时它也是一种"着色"元素，因为它能让红宝石呈现红色，祖母绿呈现绿色，能让公共汽车车体呈黄色，能让汽车闪亮！在你体内，它还能帮助你的身体进行新陈代谢，使你正确地吸收和转化你所摄入的食物。

锌(Zn)

锌对你的身体特别重要。你的眼睛和大脑中有大量的锌，它还让你的味觉和嗅觉变得灵敏。所以它对视觉、嗅觉、听觉、味觉和触觉五种感官至关重要。你可以通过摄取肉、鱼、坚果和奶制品来获得锌。

锌

开采金属矿物

金属对我们很重要，从简单的工具到复杂的飞机，我们用它们制造各种各样的东西。而且我们需要不同种类的金属来用作不同的用途，所以我们需要稳定的金属供给！但是这些金属从何而来呢？我们又是如何得到这些金属的呢？

铁矿石被挖掘机从岩石表面搬走

金属从哪里来？

金属来自地球的地壳。地壳是指由岩石组成的地球的外衣。

科学家们，尤其是地质学家们，研究有关岩石的一切，因此他们知道去哪里寻找含金属的岩石。他们会进行特殊的测试，看看那里是否有金属存在的迹象。一旦他们找到一种金属矿物，就会建立一个矿——一个能将金属从岩石中挖出来的大洞。

不同种类

你可以在地下或者在地表开采金属矿物。地下采矿是非常危险的，因为矿井可能会非常深。

而在地表开采时，矿工会挖一个比矿井浅很多的洞，只需要从地表顶部挖出几层岩石。你可能在某个地方见过采石场或露天矿场，因为它们在世界各地都很常见，而且很容易被发现。在露天矿场上通常布满巨大的起重机和强大的挖掘机！

将岩石铲起

将岩石倒入粉碎机

将岩石进行粉碎和筛选

将矿石进行整理和清洗

冶炼矿石，即将它们加热到熔化

开采金属没有那么快

但是，从岩石中开采金属并不是那么容易的事。事实上，最初开采出的物质通常叫作"矿石"——它并不是纯金属。必须先对这些矿石进行处理。

首先，要将矿石进行粉碎和筛选，以除去所有不需要的部分。然后，要么把它与水混合，要么把它加热到很高的温度或者进行电离。有时，岩石内可能会含有不止一种金属，这时科学家们会用不同的方法来筛选不同类型的金属。

大型矿

南非——铂和金

俄罗斯——铁和钾

澳大利亚——铁和镍

加拿大——钾、铁和镍

巴西——铁、镍和金

中国——铁、铜、锌和金

露天采矿，是将矿石逐层从地下开采出来。

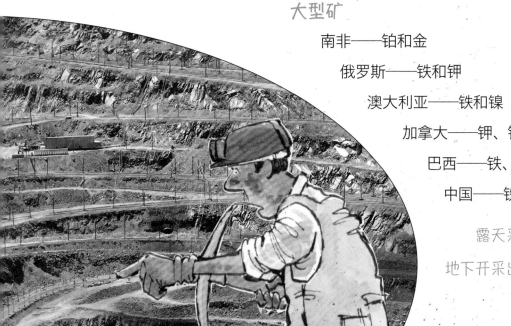

你体内那些"价值连城"的元素

有人对你说过"你是如此珍贵"吗？有没有人将你视为"财富"或"珍宝"？其实他们是对的！你身体的一小部分确实是很有价值的——你体内含有一些价值连城的元素。

金（Au）

没错，你体内确实有金子！不过这并不是因为你有一颗闪亮的黄金牙！金是一种极其稀有的元素，通常被用来制作昂贵的珠宝和装饰品，几千年来一直是财富的象征。很久以前，人们用金币进行交易，如今，人们仍然会购买和收藏金条。

金

几百年前，为了证明一个人富有，他甚至会在食物上撒满金粉！

金是你身体中最贵重的元素。它随着你摄入的食物和水进入你的身体中。不过很遗憾地告诉你，无论你如何卖力咀嚼，你身体中也只有微量的金。

金主要存在于你的血液中，它对生命活动来说并不是必需的，也就是说实际上它对身体机能没有起到任何作用。不过，知道身体中有金也是值得高兴的——因为它的存在让你有了稍微大一点儿的价值！

银（Ag）

这一珍贵的元素也少量存在于你的体内。与金相同，银也是一种一直被用来制作贵重的装饰品或作为货币使用的金属。事实上，用银制造的硬币流通时间比金要早得多。在许多国家的语言里，"钱"这个词和"银"这个词是完全一样的。

令人难以置信的是，我们可能每天都会吃到一点儿银！面粉、牛奶、肉和鱼中都含有银。还有，你见没见过有的蛋糕上面用小银球做的装饰？它们也含有银！

银

不止是金银，你身体里"价值连城"的元素还有——

铍（Be）

这种元素在宇宙中是相当罕见的。不过你的骨骼中就含有一些！它也是祖母绿的组成元素，祖母绿比钻石还要稀有！

祖母绿

还有锆（Zr）……

这种元素在地球上是很常见的。事实上，在我们的饮食和血液中都能找到微量的锆。牙医会用它来修复牙齿——因为它非常坚硬，并且可以让假牙看起来像真的一样。

虽然它不像金银那么值钱，但它的水晶形态是非常美丽的。锆的晶体叫作立方氧化锆，当它被切割成型后，看起来就像一颗钻石。

切割成型后的立方氧化锆

当你发现在恒星和陨石中也有锆元素后，会不会觉得它变得更加迷人了呢？

并不全是金属

现在你已经知道你的体内有很多金属元素，但这并不是全部！你身体中还有其他一些准金属元素，即似金属元素和非金属元素。它们有的只是少量存在于你的体内，而有的则对你的生命活动，以及身边所有的事物起着重要作用。

锗

碲

一点点

你体内含有的两种似金属元素是锗和碲。

锗（Ge）

锗是在恒星内部生成的，发现于木星附近以及宇宙中离我们更远的地方。

它被用来制造照相机镜头、显微镜和特殊的夜视设备，它使我们在黑暗中也可以视物！在你体内，它主要存在于血液中，身体的其他部分也存有少量的锗。

碲（Te）

你的血液里也有碲元素，但只有很少的一点儿——这是一件好事，因为一旦超过这个微小的量，它就会使你的气息变得非常难闻！

很多很多

听起来似乎非金属并不是很重要，对吗？但这并不适用于碳元素。碳是世界上最重要的非金属元素之一。这是因为所有——是的，几乎所有物质里都有碳元素。

钻石

碳（C）

事实上，你身体的1/5几乎都是由这个元素构成的。它对你和你的身体至关重要，因为它有点像胶水，能把你身体的所有部分粘在一起！它随着你摄入的食物进入体内，因为几乎所有你吃掉的食物中都有碳，所以每天你都会摄入很多碳。

你也可以在其他地方找到它，比如给汽车加的油、用于生火的煤、打印机的黑色墨水和一切塑料制品，它们都含有大量的碳元素。

对了，还有钻石！它实际上是被压得太紧了而形成的坚硬的碳晶体。

石墨，碳的一种

碳也是铅笔里面的重要物质——我们可以用它写出字来。虽然我们错误地把它叫作"铅"笔，但它实际上是由石墨制成的，石墨是碳的一种。

让人意想不到的是，你体内有足够的碳，足以填充大约9000支铅笔。如果它们真变成铅笔，应该会让你的作业更容易完成吧！

接通电源

你的身体就像一台机器，有许多不同的零件在一起协同合作。与一台电脑能控制很多机器类似，你的身体也有一个控制中心。

这个控制中心就是你的大脑。你的大脑将信息和指令从一个细胞传递到另一个细胞。你的身体就是这样运转的——这就是你有感官能力，可以说话和做事的原因。

供电

就像每台机器一样，你的大脑也需要消耗能量才能正常工作，于是大脑就在你体内创造了电流！

是的——真正的电流！

产生电流需要两个元素——钠和钾。这两种都是金属元素，它们的工作就是为细胞提供能量。但问题是，你的细胞非常小，没有足够的空间同时容纳这两种元素。所以当一些钠元素进入细胞时，一些钾元素必须离开。

于是，这种对细胞空间的争夺导致了电流的产生——这种电流会给大脑供电。

钾　　　　细胞

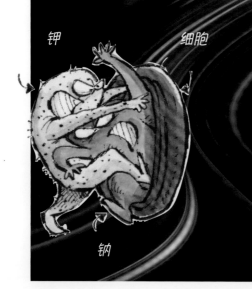

钠

带电的一切!

200多年前,一位叫汉弗莱·戴维的人用一种叫作伏打电堆的特殊机器发现了钾和钠,以及其他很多种元素。伏打电堆中的液体是带电的,它能将不同元素分离开来。这种技术叫作电解,现在我们仍然会用这种方式给金属表面镀一层贵金属膜,以此来使其更坚固或者防止生锈。

它们都在哪儿?

对于这两种元素,你可能觉得不太熟悉,但其实你几乎每天都会看到它们。

汉弗莱·戴维爵士

钠 (Na)

*它被发现于地球的地壳中,在海洋中也大量存在。

*实际上它是食盐的主要成分。

*没有它,薯片的味道尝起来就不一样了!

钾 (K)

*它被使用于泡打粉中,因此在你烘焙蛋糕时可能会用到它!

*它也用于烟花制造和灭火器制造中!

滴答滴答

你体内还有一种带电的元素,就是铯。

铯 (Cs)

铯可以给你的"生物钟"充电,比如你不需要查看手表就能知道大致时间,这真是一项奇怪的本能。

铯元素能很好地记录时间,我们利用它的这一特性来制造原子钟。原子钟记录着全世界最精确的时间。即使它们连续走上3亿年,误差都不会超过1微秒,这实在是太不可思议了!

电量超载

你的身体是一个发电站！它不仅充满电力，而且还含有用于制造电气设备的微量元素。你的身体还是一台电动机，这真是太神奇了！

蓝色的蜘蛛

蓝色的蜗牛

铜 [Cu]

铜是电的极好导体，也就是说电流能很容易地通过它。

由于这个原因，它经常被用在电缆内部的电线中，把电力输送到你的家里。它也能帮助你的器官进行运转，比如你的心脏、肺和肝脏。其他动物体内也含有铜元素，例如，章鱼、蜘蛛和蜗牛体内都含有铜，铜元素有助于它们身体中氧气的运输，铜甚至能把它们的血液变成蓝色！

铜

硅 [Si]

硅在电子元件制造中非常重要。它可以用来制造电脑芯片，这种芯片就像你的电脑、电视或手机的大脑一样。在你的体内，它有助于保持骨骼强壮，保持头发和指甲的健康。

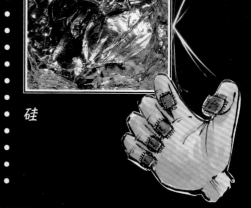

硅

硒

亚历山大·格拉汉姆·贝尔，早期电话的发明者。

钽

硒 (Se)

硒对我们来说是不可或缺的，就像硅一样。它能让我们的身体避免中毒。但有趣的是，体内如果有过量的硒也会导致中毒。这就是为什么我们体内只有一点点硒！

硒也被用于电气设备的制造。1879年，亚历山大·格拉汉姆·贝尔用它制造了一台光电话，也就是早期电话。硒可以把光束作为传输声音的载体。现在，我们用硒来制造太阳能电池板，因为它可以把太阳能转化为电能！

钽 (Ta)

钽是一种具有一些特殊性质的稀有金属元素。它是热和电的良导体。事实上，要想熔化它是非常困难的，所以它可以被加热到极高的温度——3000摄氏度以上！

钽在用于制造像电容这样的智能电子元件之前，通常被制成一种粉末。钽的电容能储存所有电气设备的电力。

你体内只有少量的钽。但是如果你骨折了，医院可能会用钽螺栓把骨骼固定在一起。

为自己充电

当你出生的时候，你的身体里就有各种各样的元素了。但它们的供给却不是源源不断的。这意味着你必须不断补充这些元素。而且，如果你没有获取足够量的各种元素，你的身体就不能正常运转。

所以你必须给自己充电——就像对待充电电池或手机那样！

好吃！好吃！

不过你不需要把那些元素直接塞进身体里！事实上方法比这简单多了——你只需要吃、喝还有呼吸。

碳(C)

氧(O)

氢 (H)

例如，如果你需要更多的碳，你不必咀嚼一碗煤或者满满一盘的钻石！你只需要尽情地吃好午餐。如果你需要更多的氢，那就喝一杯水吧！

要获取更多的氧简直就是小菜一碟——呼吸空气就可以了。然后它会被运输到你的血液和肌肉中，给它们提供能量，使它们能正常运转。

元素的配方

你吃的所有食物都是由元素构成的，其中大部分是碳、氢、氧和氮。这些元素形成了：

- 碳水化合物：它能给你的身体提供能量。

- 脂肪：它能储存能量和形成新细胞，细胞是搭建你身体的积木。

- 蛋白质：它能帮助每个细胞完成特定的功能。

- 水：让你的身体能运转良好。

- 维生素和矿物质：有利于身体的各个部位生长并维持健康。

所以，现在你应该明白为什么大人们总是告诉你要喝牛奶、吃蔬菜了吧！

或多或少

在你身体中每种元素的含量是不一样的。这就是说你体内有一些元素要比其他的元素含量多。有些元素对维持你的健康很重要——它们被称为基本元素。它们可能是大量存在的元素，也可能是含量很少的微量元素。那么，你的身体里它们各占多少呢？

水

虽然听上去有点儿奇怪，但事实就是，你的身体里大部分都是水！这个数量大约是70%，差不多占整个身体的3/4！它是搭建我们身体的积木——每个细胞的主要组成成分，并且，像汽油能让汽车运行一样，水也能让身体顺利运转起来！事实上，水对你及全世界都至关重要，如果没有水，任何东西都不能生存。

你还需要一直"替换"身体中的水。当你摄入液体，甚至是吃东西的时候，都能获取水分，但是当你流汗或尿尿的时候，你身体中的水又流失了，所以你必须不断地补充水分。

H_2O

水由两个非常重要的元素组成——氢和氧。你可能听过有人把水叫作"H_2O"——这是因为H代表氢，O代表氧。它们是这些元素的符号。水中每2个氢原子对应1个氧原子。所以这就是H×2+O！

氧: 65%

碳: 18%

氢: 10.2%

氮: 3.1%

其他构成身体的元素含量都很少，全部列示在右侧表中。

有多少?

如果你身体的大部分由水构成，那么就意味着你体内有大量的氢和氧。如果世界上每样东西都含有碳，那么你体内一定也有很多碳！事实上，你大部分的身体就是由这三种元素构成的。

但你体内也含有少量的以下元素：

氮 3.1%　　　　钙 1.6%
　　磷 1.2%　钾 0.25%
硫 0.25%
　　　钠 0.15%　镁 0.05%
氯 0.15%

同时也含有下面所列的全部微量元素：

铁	钡	铯	铋
氟	锡	钼	铊
锌	碘	锗	铟
硅	钛	钴	金
铷	硼	锑	钪
锶	硒	银	钽
溴	镍	铌	钒
铅	铬	锆	钍
铜	锰	镧	铀
铝	砷	碲	钐
镉	锂	镓	钨
铈	汞	钇	铍
镭			

充满气体

宇宙中有11种元素是气体元素，其中有5种在你体内也有。它们对你的生活都很重要，但是你利用它们的方式有所不同。其中有些你需要的量很大，还有一些只要很少一部分就能让你保持身体健康。

危险！

氟（F）

你可能已经听说过这个元素了。因为氟是氟化物的主要成分，牙膏中的氟能够让你保持牙齿强健。它也会通过食物进入你的体内，然后储存在你的骨骼和血液中。你的体内只有微量的氟，稍微多一点儿就会对身体有害，因为它的毒性很大。

氯（Cl）

你可能也会认出这个元素。你去游泳池的时候是不是注意到空气中有一种奇怪的化学品的气味——那味道有点像漂白剂？这是因为他们在水中加入了一种叫作氯的物质，氯气能杀死所有有害的细菌并使游泳池的水清澈透明。

与氟相同，氯也是一种量大时会对人体产生危害的元素。但令人惊讶的是，你的胃里也有一些氯，它可以帮助你消化所有你摄入的食物。

你体内的三种主要气体元素是氧、氢和氮，它们占了你身体的很大一部分。身体里有这么多的气体，你却没有飘走，这是怎么回事呢？原来,当它们和其他元素混合时就会形成固体物质。

氧（O）

氧元素占你身体的65%！超过了你身体中元素总量的一半！你需要有源源不断的氧气供应来维持生命。但其实它很容易获得——只需要呼吸就可以了，氧气会进入你的肺部，然后通过血液运输到你身体的各个部位。

氢（H）

氢是整个宇宙中质量最轻也最常见的元素，它从宇宙形成之初就一直存在。太阳和恒星会发出明亮耀眼的光，就是因为它们内部有氢在燃烧。它在你身体中占10%，也就是1/10。大部分的氢都是你吃饭获得的，因为它是水中的两种元素之一，水是你喝的所有液体和你吃的所有食物中都含有的成分。

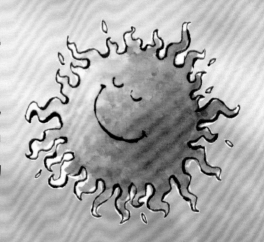

氮（N）

看起来可能含量不多，但是一般人体内会有大约1800克的氮元素！它能强健你的肌肉、皮肤和头发。但最重要的是，它存在于你的DNA中。DNA就像身体的指挥官，它能决定你的样貌、声音以及行为。

毒药还是治疗剂？

你的身体是一个神奇的平衡体。你体内所有元素的含量都有恰当的比例。这是一件非常好的事情，因为其中有些元素是有毒的，甚至是致命的！所以每种元素都要有合适的量！

不要碰！

汞 (Hg)

汞

汞的毒性很大，你千万不要碰它！虽然你的食物中也有少量的汞，但幸运的是，你聪明的身体可以通过呼吸、排汗和排尿将它排出体外，或者把它储存在你的头发和指甲里，在这里它不会对你造成任何伤害。

砷 (As)

砷

过量的砷元素也是很危险的。它在你的头发、骨骼和血液中也有存在。它也可以帮助你生长，甚至还被用于制药，用来治疗一些疾病。

锑 (Sb)

锑

你体内的锑元素含量很少，在过去它也被用于制药，但是太多的锑会杀了你！大约5000年前，许多埃及人因为把它当作化妆品涂在眼睛周围而死亡！

溴 (Br)

海洋中存在着大量的溴化物，它们能使一些海蜗牛呈紫色。你的身体对溴的需求很小，而且过量的溴会对你的眼睛和肺部造成危害。

古罗马皇帝身上那件紫色的宽外袍就是由含溴的海蜗牛染色而成的

一件危险的事

几百年前，当一个炼金术士或化学家是非常危险的，因为他们不知道自己的实验会产生什么样的结果。他们甚至尝遍了自己实验中的所有元素——结果就是他们都中毒了！

禁用！

铅 (Pb)、铊 (Tl)、镉 (Cd)

不久之前，这三个元素还被大量使用。铅是汽车燃料和油漆的添加剂，铊是老鼠药的成分，镉能添加到其他金属中以防其生锈。

但现在科学家们知道了这些元素都是有毒的，因此在很多国家它们都被禁用了。我们的肾脏和肝脏还有一些镉——但含量很少，对我们没有任何伤害。

铅

铊的碎片

镉

你需要的有毒元素

不过，有一些有毒的元素是你身体需要的，没有它你就不能存活。

碘 (I)

碘对你来说是至关重要的元素。它能帮助你的大脑正常生长运转，并确保你的身体保持在适当的温度。而它也是一种很好的消毒剂，也就是说它可以杀死有害的细菌。

钼 (Mo)

你身体的所有部位都含有钼，它有助于把你摄入的食物转化为能量。但是过量的钼会让你头痛欲裂，眼部肿痛。

碘

钼

哲人石

几百年前，很多人认为地球只有4种元素——土、水、气和火。还有一个"第五元素"，叫作以太，它代表空间里的所有东西。尽管古人是为了解释地球运转的原理才这样说，但那时候人们的想法常常是奇怪的，甚至完全是疯狂的！

寻找答案

人们把早期的科学家叫作炼金术士。像现在的科学家一样，他们会在实验室里进行研究，用化学品做很多的实验。但同时他们也相信魔法，还会寻找一些不可能存在的东西！他们把有毒化学品混合在一起，认为人们喝下去就能获得永生。

还有的炼金术士则试图把廉价又普通的金属，或者叫贱金属，转化为银和黄金，以便他们能迅速致富。

所有的炼金术士都在寻找一种带有魔力的物质，以期让他们的设想变成现实！那是一种白色或红色的粉末，来自一种叫作"哲人石"的神秘石头。他们认为一切奥秘蕴藏其中。

充满魔力

于是他们一边寻找石头，一边用各种东西做实验。一时间，他们都断定哲人石的奥秘就是水。于是他们把水同其他元素混合在一起，看它是否起作用。结果，没有任何反应！

接着他们又尝试了汞，他们认为汞有超能力，因为它既是金属又是液体——这一定是魔法！但结果并不是这样！然后他们又试验了另一种叫作钡的金属……

现在，钡用来使烟花呈现绿色

钡 (Ba)

钡在受热时会发出红光。不仅如此，如果把它放在阳光下一段时间，它就可以在黑暗中发光好几个小时。还有一种钡餐口服剂，吞服后医生就可以用X光为你检查身体了。

奇怪的成分

寻找哲人石进展得依然不是很顺利！直到将近350年前，汉宁·布朗特决定用尿做实验——是的，他自己的尿！他将尿煮沸，直到烧红，他发现它发亮了并燃烧出了火焰！于是他把得到的成品放在一个罐子里——真是恶心——他又看到罐子里发出了绿色的光！

磷 (P)

毫无悬念，他最后得到的并不是金子。但这却是一个新的发现。实际上，他发现了磷元素。磷是你体内的一种重要元素，在你的骨骼、牙齿和肌肉中都能找到。正是这个实验开启了我们现在称为化学的科学。

你知道所有这些元素也都存在于你体内吗？所以，如果炼金术士是对的，那么你也是带有魔力的！

元素的发现者

从大约138亿年前宇宙开始存在时，元素就一直存在！但我们才刚刚开始发现它们的本质。我们还有很长的路要走，因为，不知道还有多少种元素等待我们去探索。

数千年历史

有些元素我们在很早以前就认识了。在5000多年前，人们就发现了碳、硫和铜元素。银、金、铁、锡、汞和铅这些金属已经有至少3000年的使用历史。但是当时人们并不把它们视为化学元素，只是把它们看作是制造硬币、武器和珠宝等物品的用材——生活中的基本材料而已，没有科学的认识。

数百年历史

事实上，科学探索在350年前才正式展开。而一经开始，这股探索热潮就波骇云属地席卷了世界的各个角落！不过，科学探索并不都是一帆风顺的。在很长一段时间里，科学家们都在寻找一种叫作燃素的物质。他们认为燃素就是某种东西会突然起火的原因。但经过艰辛探索后他们发现，根本不存在燃素这种物质！

幸运的是，这并不完全是浪费时间——探索燃素的实验帮助他们找到了氧气！

著名的元素发现者们

发现了：
钾 钠 硼
钙 钡 镉

汉弗莱·戴维 1778—1829年

发现了：
氩 氦 氖
氪 氙

威廉·拉姆齐 1852—1916年

发现了：
铈 钍 硒 硅

琼斯·贝采里乌斯 1779—1848年

发现了：
钋 镭 氡

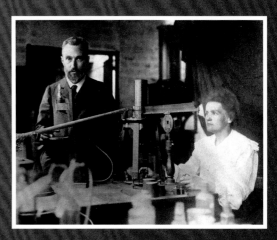

玛丽·居里和皮埃尔·居里 1867—1934年

发现了：
铁 鿔 氮① 镆 鿫

尤里·奥加涅相 1933年至今

如今，科学家团队在叫作实验室的大型建筑物中工作，创造新的元素。有些元素甚至还没有名字，所以它们被称为"未命名"元素，直到它们被正确地标记出来。

俄罗斯杜布纳联合核子研究所是最著名的研究所之一。它的科学带头人是尤里·奥加涅相。

---

① 2017年5月9日中国科学院、国家语言文字工作委员会、全国科学技术名词审定委员会正式向社会发布第113号、115号、117号和118号元素中文名称，属于新造字，得到了国家语言文字工作委员同意，纳入国家规范用字。——译者注

这并不是全部

你体内还有9种元素，它们中的大多数都是"砰砰"的、"轰隆隆"的、闪耀的、发光的，或者"嘶嘶"的！

铀 (U)

铀

铀是一种由超新星产生的金属。你的骨骼中有少量的铀，其实它是一种毒性很大的元素，而且危险性很高，因为它具有放射性。

它被用来为核动力和威力巨大的炸弹提供能量！

锰 (Mn)

锰是在你的骨骼和肝脏中发现的一种金属，它对你的新陈代谢很重要。新陈代谢就是你的身体吸收和转化你所摄入的食物的方式。此外，它赋予了紫水晶紫色。

在海底也发现了球状或环状的"锰结核"。它们是锰附着在岩石或化石上的产物。

在几万年前的洞穴壁画中也曾用到过锰。

镭 (Ra)

镭是另一种从铀矿中发现的放射性金属。它是一种有害的元素。曾经与镭打交道的人通常死于它的放射性。事实上，在1898年发现镭的著名科学家玛丽·居里，就是由于经常进行关于这种元素的放射性实验而失去了生命。

如果你体内有大量的镭，你就会在黑暗里发出光来！

钍 (Th)

钍也是一种放射性金属。它被用来制造飞机上使用的合金，也被用在核能材料中。在未来，它甚至可能为我们提供电力。

虽然钍是有放射性的，但你的每一块骨骼中都有它！

镧 (La)

镧是一种所谓的"稀有元素"，但实际上它并没有那么稀有。其实，它比金和银更常见，而且在你的骨骼中也存在。它被用来制造体育场馆和电影制片厂的照明设备，也用于制造笔记本电脑、相机镜头和汽车电池。

镧是一种非常柔软的金属，你可以用刀把它切开。

钒 (V)

在陨石、磁铁和电池中都有钒的存在。对

钒

了，你身体中存在——实际上你需要微量的钒来帮助你成长！它被用来制造喷气发动机和高速飞机上使用的强劲但又非常轻的钢合金。

亨利·福特在制造他的第一辆车时使用了这种金属。

钐 (Sm)

钐是一种银色的金属，在你的骨骼、肝脏和肾脏中都有发现。它被用来制造磁力超级强的磁铁——那些永远不会失去磁力的磁铁！例如在耳机、照相机和平板电脑这些电子设备中应用的磁铁。虽然它会在150摄氏度的时候突然起火，不过最神奇的地方在于它存在的时间——至少有1060亿年！

这比宇宙年龄的7倍还要多！

铋 (Bi)

铋是一种略带粉色的金属，常用于制造油漆、灭火器和化妆品。

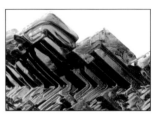

铋晶体

它也是宇宙飞船和卫星的燃料中的一种成分。

你肚子疼时服用的药物中可能添加了铋。

铟 (In)

铟是一种稀有金属，燃烧时会有紫色火焰。在你体内只含有微量的铟元素。它是制作镜子、太阳能电池板、触摸屏电脑和平板电视的极好材料。

这个元素最有趣的地方是，它在弯曲的时候会发出"吱吱"声！

哪些元素没有被你选择？

你的身体中含有60种元素，这表明你的身体不需要宇宙中其他的元素了吗？的确是这样的。你从所有的金属、非金属和气体元素中选择了最适合自己的元素，而且它们的供给很充足。但有些元素是你的身体所不需要的。

惰性气体

非常遗憾，我们体内没有任何惰性气体[①]。虽然听起来它们可能会给我们带来一些贵族气质，但实际上这6种气体之所以被称为"惰性气体"，是因为它们从不与其他元素发生反应。

它们真是很孤僻又不爱交际的元素！

氦 (He)

氦被用来制造派对上用的气球和气象气球，因为它比空气轻，可以在空气中飘浮起来。

氖 (Ne)

氖能使广告标牌闪烁出红色的光芒。

氩 (Ar)

氩是制造节能灯泡的元素。

氪 (Kr)

氪用于制造一些日光灯。

氙 (Xe)

氙气能让相机闪光灯发出明亮的蓝光，也可以使汽车前灯增强亮度。

氡 (Rn)

氡太危险，所以不能使用。

所以如果你体内有这些气体，你可能会发光或者飘浮起来！

---

① 惰性气体的英文为 noble gases，noble 有皇室，贵族的意思。——译者注

丢失的元素

科学家们不断地尝试，想弄清楚这个世界的运转规律，他们也不停地有新发现，但问题依然没有全部解决，仍有一些元素尚未被发现，而它们有可能就存于你的身体里。

如果你可以在自己的身体里添加一种微量元素，你会添加什么呢？

冻 (J)

当然啦，你需要吃很多的果冻来获得这个元素。但是你需要注意不能吃得太多，否则你可能会变得摇摇晃晃！

蹦 (Bg)

这个元素会让你具有能蹦到任何地方的能力。对打篮球和跳高都很有帮助！

伸 (St)

如果你突然具有了能改变身体形状的能力，会怎么样呢？只要你的皮肤中含有伸就可以做到啦！

元素周期表

下表是一种将信息组建在一起的图表。它向我们展示了我们星球上所有已知的元素以及它们之间的联系。

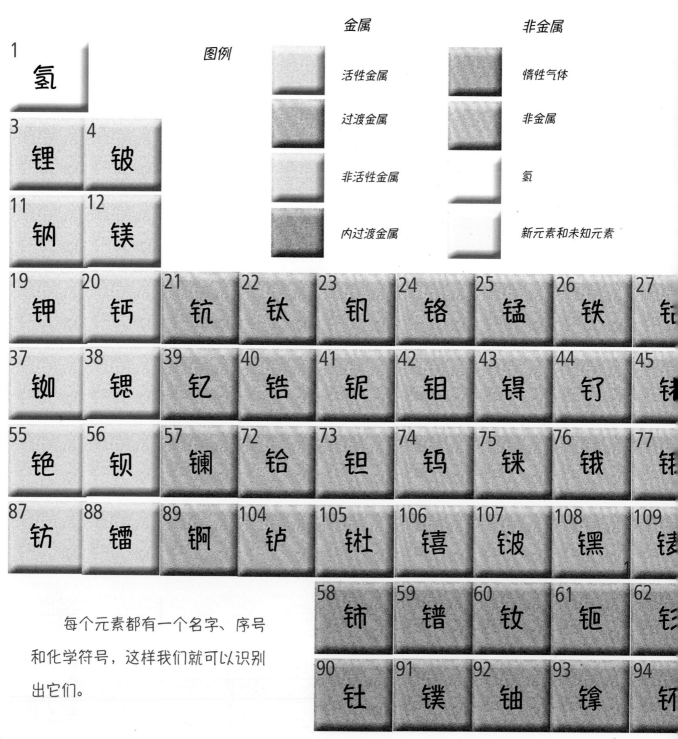

图例

金属
- 活性金属
- 过渡金属
- 非活性金属
- 内过渡金属

非金属
- 惰性气体
- 非金属
- 氢
- 新元素和未知元素

每个元素都有一个名字、序号和化学符号，这样我们就可以识别出它们。

最初这个图表是由大约150年前一个叫德米特里·门捷列夫的人拼凑出来的。门捷列夫是一个非常聪明的化学家，他意识到所有的元素相互之间都是有关联的。他还发现，人们需要清楚地看到这些关联，才能更好地理解它们。他甚至还能预测尚未被发现的元素！门捷列夫把这个图表设计得非常好，事实上，今天我们使用的元素周期表还是当时他设计的那个样子。

如今，我们已知的元素有118种，身体中的元素有60种。

						2 氦
5 硼	6 碳	7 氮	8 氧	9 氟	10 氖	
13 铝	14 硅	15 磷	16 硫	17 氯	18 氩	

	29 铜	30 锌	31 镓	32 锗	33 砷	34 硒	35 溴	36 氪
钯	47 银	48 镉	49 铟	50 锡	51 锑	52 碲	53 碘	54 氙
铂	79 金	80 汞	81 铊	82 铅	83 铋	84 钋	85 砹	86 氡
达	111 轮	112 鿔	113 鿭	114 铁	115 镆	116 鿫	117 础	118 氮

涓	64 钆	65 铽	66 镝	67 钬	68 铒	69 铥	70 镱	71 镥
湄	96 锔	97 锫	98 锎	99 锿	100 镄	101 钔	102 锘	103 铹

词汇表

炼金术士

早期的化学家，认为把贱金属变成黄金或神奇的长生不老药是可行的。

合金

将金属熔化并与其他金属或非金属物质混合，经过冷却和凝固后形成的一种坚固物质。

原子

元素的一小部分组成物质。

细菌

一种由单细胞组成的微小生物。

贱金属

常见且很容易生锈的一类金属。

宇宙大爆炸

描述宇宙起源事件的短语。

碳水化合物

存在于食物中和生物体内的由碳、氢、氧组成的化合物。

细胞

是所有生物体内相互独立的微小单元。

纯净物

由一种物质组成的聚合物。

导体

一种能快速传导热或电的物质。

DNA

在生物体的细胞中发现的一种酸性物质。它掌握着诸如生物体相貌、身体运行方式等的控制指令。

地壳

地球的最外层部分，由岩石组成。

必要元素

动物或植物体中不可或缺的一类元素。

以太

早期科学家认为构成部分空间的物质是以太。

照明弹

一种能发出明亮火焰作为信号或警告的工具。

星系

由数十亿颗恒星组成的集团的名称。

气体

一种能扩散到储存它的容器的每个角落的物质。

地质学家

研究地质学的人，他们研究构成地球、其他行星和卫星的岩石。

实验室

科学家用于做实验的房间，房间内有特殊的实验仪器和化学药剂。

液体

一种具有水平表面且能扩散并充满容器底部的物质。

磁铁

一种有两个磁极的物体，它能吸引其他含有铁元素的物体。

新陈代谢

用来描述发生在一个生物体内的所有变化，特别是将食物分解为用于生成新细胞的能量的词语。

陨石

降落于地球上、来自太空的固体材料，通常含有大量的镍和铁。

矿物质

由元素构成的固体物质，它能帮助身体正常运转。

神经

一种能将信息和电信号传递到身体各个部位的纤维。

矿石

一种存于地下的、具有某种可被利用的性能的矿物集合体。

毒药

一种可以损害或杀死生物体的物质。

蛋白质

一种能维持生命活动的化学物质，存在于肌肉、血液、鸡蛋、皮肤和骨骼中。

放射性

用于描述某些特殊元素有辐射现象的词语，强大的放射性对人体是有害的。

卫星

一种绕着行星以特定轨道运行的航天器，能帮助预测天气情况，传送信号或接收测量数据。

太阳能电池板

能接收太阳的能量并将其转化为电能的一组板状设备，由很多镜子和透镜组成。

固体

一种有固定形状的物质。它不能像液体或气体那样流动。

微量元素

植物和动物体内需要的元素，只需很少的量就能促进生物体的健康成长。

蒸汽

当液体被加热时产生的气体。

维生素

一种由元素组成的物质，对维持身体健康至关重要。

索引

图片出处说明

封面　贝特·努瓦尔河

第7页　贝特·努瓦尔河

第8~9页　主图：CS.斯托克；插图：维基百科/久留米·石敏存

第9页　左图：阿斯穆斯；右图：维基百科/澳大利亚联邦科学与工业研究组织，马克·费格斯

第10页　顶部：海因里希·普尼奥克；底部：海因里希·普尼奥克

第10~11页　沃治

第11页　顶部：托马斯·埃德尔；左下：海因里希·普尼奥克；中间：-https://en.wikipedia.org/wiki/User:Foobar；右下角：海因里希·普尼奥克

第12页　顶部：帕尔努玛斯·娜·博他仑；底部：纳斯提亚·皮里瓦

第13页　左图：维基百科/雷诺·克里斯；右图：庞普嘉

第14页　伟利奇科

第15页　顶部：维基百科/Chris73；中间左图：维基百科/作者不详；中间：海因里希·普尼奥克；底部：维基百科/安德里亚斯·弗鲁（安德尔）

第16页　卡班德

第16~17页　邦德格朗基

第17页　左上：邦德格朗基；中间-安德烈·N.班努；右上：卡玛扎拉；中部：邦德格朗基；底部：回家路上

第18页　微野生

第18~19页　沃治

第19页　顶部：佩特·夏娜佐杜亚；中间：J.普雷斯；底部：维基百科/乔治·菲利普斯

第20页　顶部：维基百科/朱莉；底部：维基百科/罗布·洛温斯基

第20~21页　德米特里·萨韦列夫

第21页　戴丽雅

第23页　顶部：维基共享/国家肖像美馆：NPG2546
中间：亚历山大·爱徒泽夫；底部：维基百科/作者不详

第24~25页　汰兹多·孙

第24页　左上：维基百科/麦提·赛亚（音译）；右上：维基百科/乔纳森·詹德（Digon3）；底部左图：考特尼·马丁；底部右图：维基百科/安瑞科

第25页　顶部：维基百科/美国国会图书馆，收集、打印和照片部门吉尔伯特·H.格罗夫纳；中图：维基百科/詹姆斯·圣约翰；底部：维基百科/蒂尔曼

第26页　非洲工作室

第27页　非洲工作室

第30~31页　詹尼特

第32页　顶部：温婷；中间：卡特拉；底部：维基百科/作者不详

第33页　顶部：海因里希·普尼奥克；中间a：维基百科/W.欧伦；中间b：海因里希·普尼奥克；中间c：维基百科/LHcheM；底部：海因里希·普尼奥克

第35页　维基共享

第37页　左上：维基百科/作者不详；右上：维基百科/作者不详；中左：维基百科/作者不详；中右：维基百科/作者不详；底部：维基百科/俄罗斯总统新闻信息办公室

第38页　马塞尔·克莱门斯

第39页　左图：PHOTOFUN；右图：伊里·瓦茨拉维克

第43页　维基百科/作者不详